献给西蒙。

——萨拉·加维奥利

First published in France under the title:
Un spectacle à compter
Sara Gavioli

57, rue Gaston-Tessier, 75019 Paris
Current Chinese translation rights arranged through Divas International, Paris
巴黎迪法国际版权代理（www.divas-books.com）

本作品中文简体版权归属于银杏树下（上海）图书有限责任公司
著作权合同登记号　图字：22-2024-042

图书在版编目（CIP）数据

今晚请来数字剧场 / (意) 萨拉·加维奥利著；张木天译. -- 贵阳：贵州人民出版社, 2024.7
ISBN 978-7-221-18364-4

Ⅰ. ①今… Ⅱ. ①萨… ②张… Ⅲ. ①数学－少儿读物 Ⅳ. ①O1-49

中国国家版本馆CIP数据核字(2024)第101358号

JINWAN QING LAI SHUZI JUCHANG
今晚请来数字剧场

[意] 萨拉·加维奥利　著
张木天　译

出 版 人：朱文迅
出版统筹：吴兴元
责任编辑：蒋　莉
责任印制：丁晋峰
出版发行：贵州出版集团　贵州人民出版社
地　　址：贵阳市观山湖区会展东路 SOHO 办公区 A 座
印　　刷：雅迪云印（天津）科技有限公司
版　　次：2024 年 7 月第 1 版
印　　次：2024 年 7 月第 1 次印刷
开　　本：889 毫米 × 1230 毫米　1/16
印　　张：2.5
字　　数：28 千字
书　　号：ISBN 978-7-221-18364-4
定　　价：52.00 元

选题策划：北京浪花朵朵文化传播有限公司
特约编辑：马筱婧
封面设计：九　土

贵州人民出版社微信

浪花朵朵

今晚
请来数字剧场

[意] 萨拉 · 加维奥利 著　　张木天 译

贵州出版集团
贵州人民出版社

快请进吧！

1 位售票员正等着你们。

只剩下 2 张门票了。你们真是太走运啦！

到处似乎
都静悄悄的。3扇化妆室的门
还紧闭着。

然而在
门里面，4位化妆造型师
正在做着最后
的装扮工作。

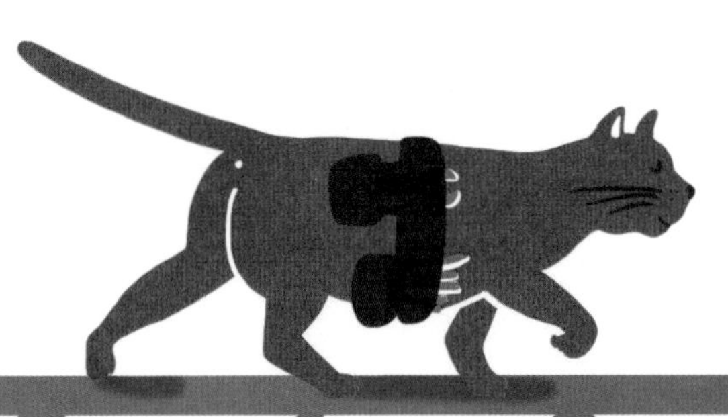

抬头看看，技术人员
不浪费一丁点儿时间——他们快速点亮 5 盏聚光灯，
照亮舞台。

低头瞧瞧，
主持人正在介绍今晚的 **6** 个精彩环节。

女士们，先生们，
请入座！很快，7排观众席就坐得
满满当当。

离演出开始只有 8 分钟了，
有些演员很激动，
有些演员很紧张。

演出正式开始。
演员们闪亮登场！只见 9 个戴鸭舌帽的演员
随着嘻哈乐的节奏
摇摆起来。

马上就轮到康康舞的演员上台啦！

有 10 根羽毛头饰还需要
好好整理一下。
抓紧时间呀！

表演说开始就开始了。
演员们的 20 只腿齐刷刷地踢向半空！

其中 9 名演员还涂了
漂亮的指甲油。

中场休息时间到。

在一片欢快热闹的气氛中，30 条长蛇围巾被遗落在舞台上。

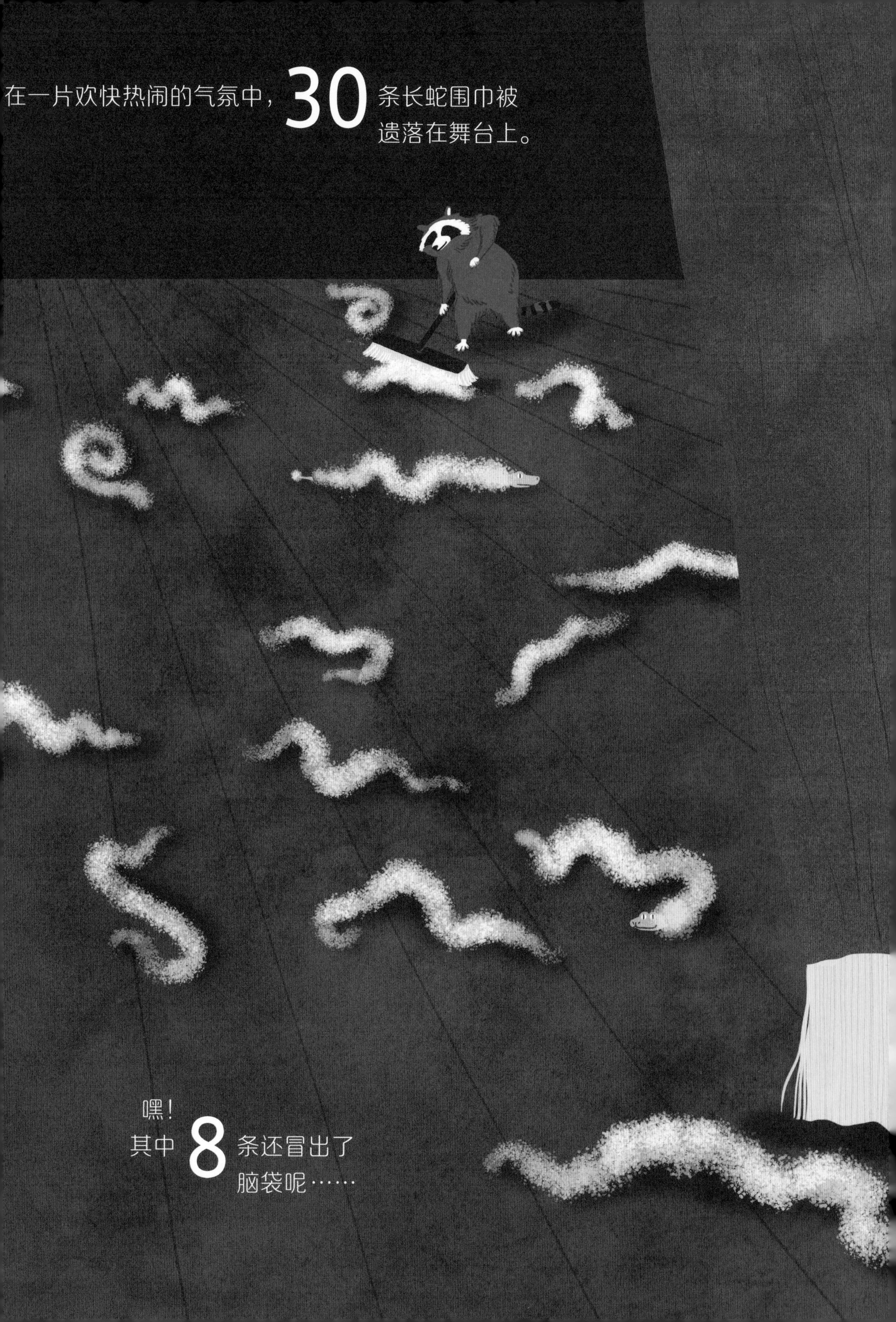

嘿！
其中 8 条还冒出了脑袋呢……

40 名观众急急忙忙赶去上卫生间。

来晚了！前面已经有 7 个家伙在排队啦。

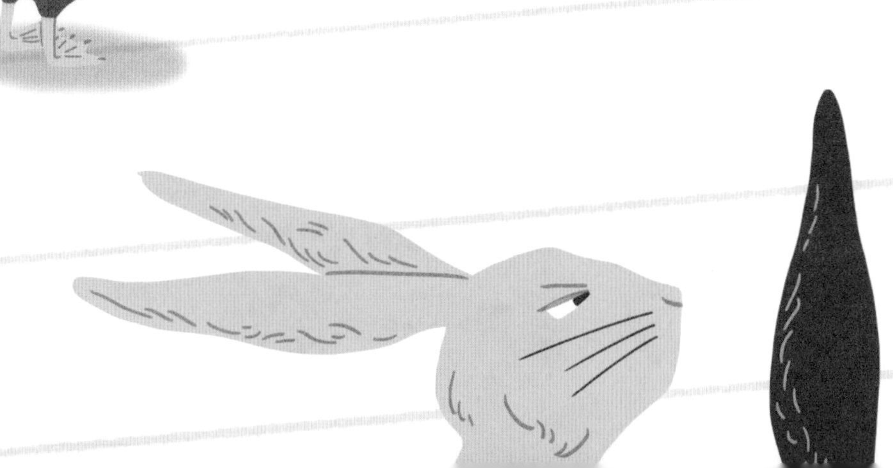

下半场演出开始了！
芭蕾舞演员登上舞台。**50** 只手紧紧相牵，
台上开出美丽的花朵。

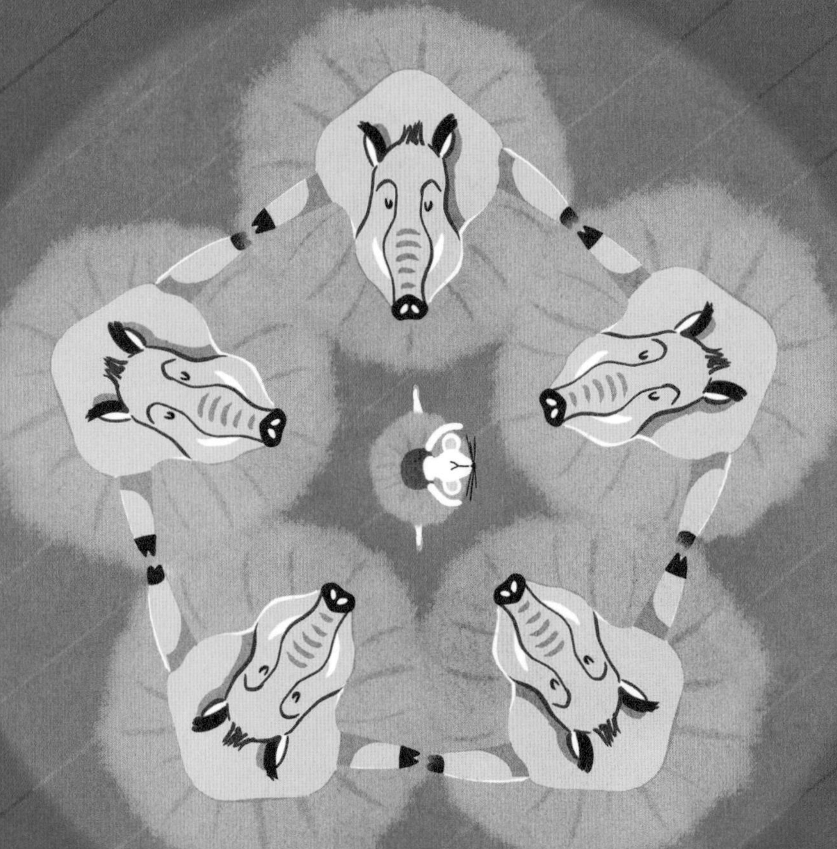

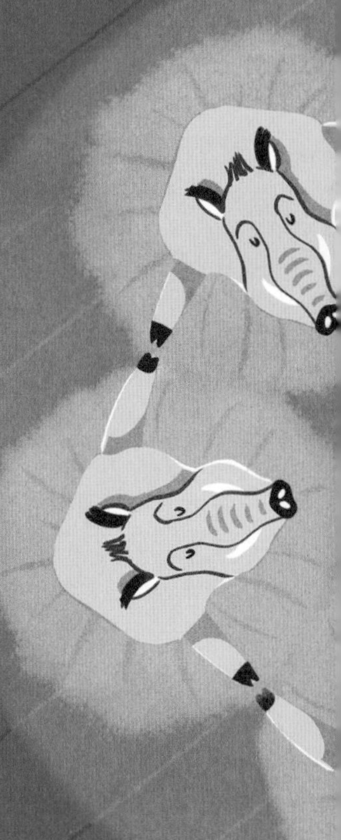

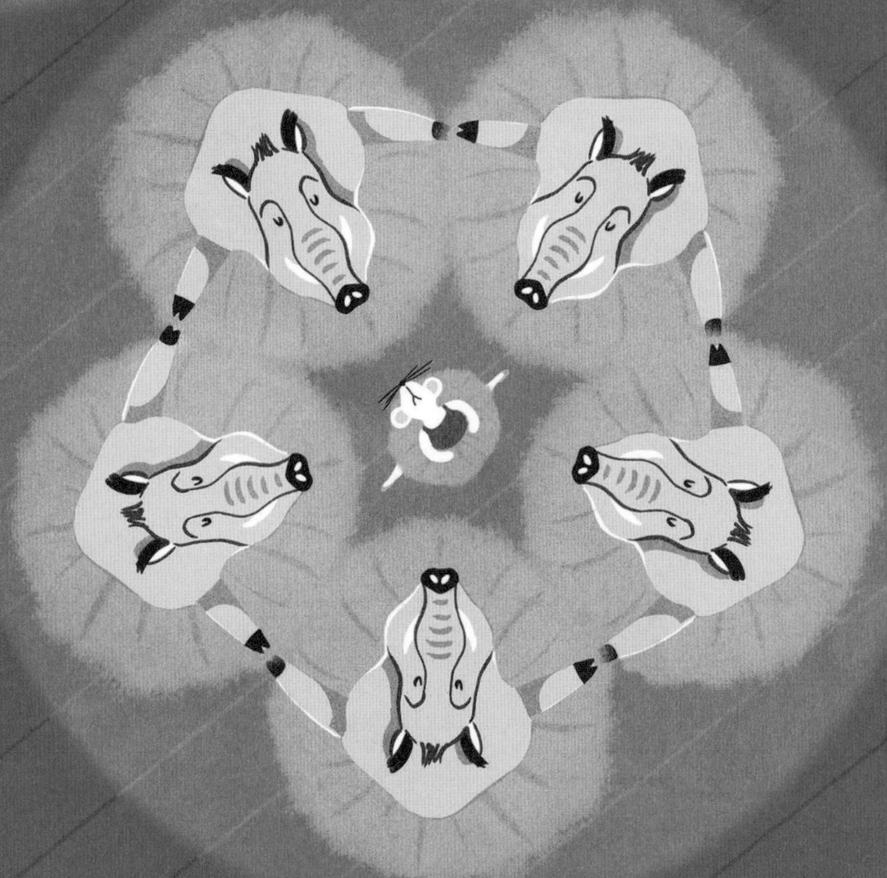

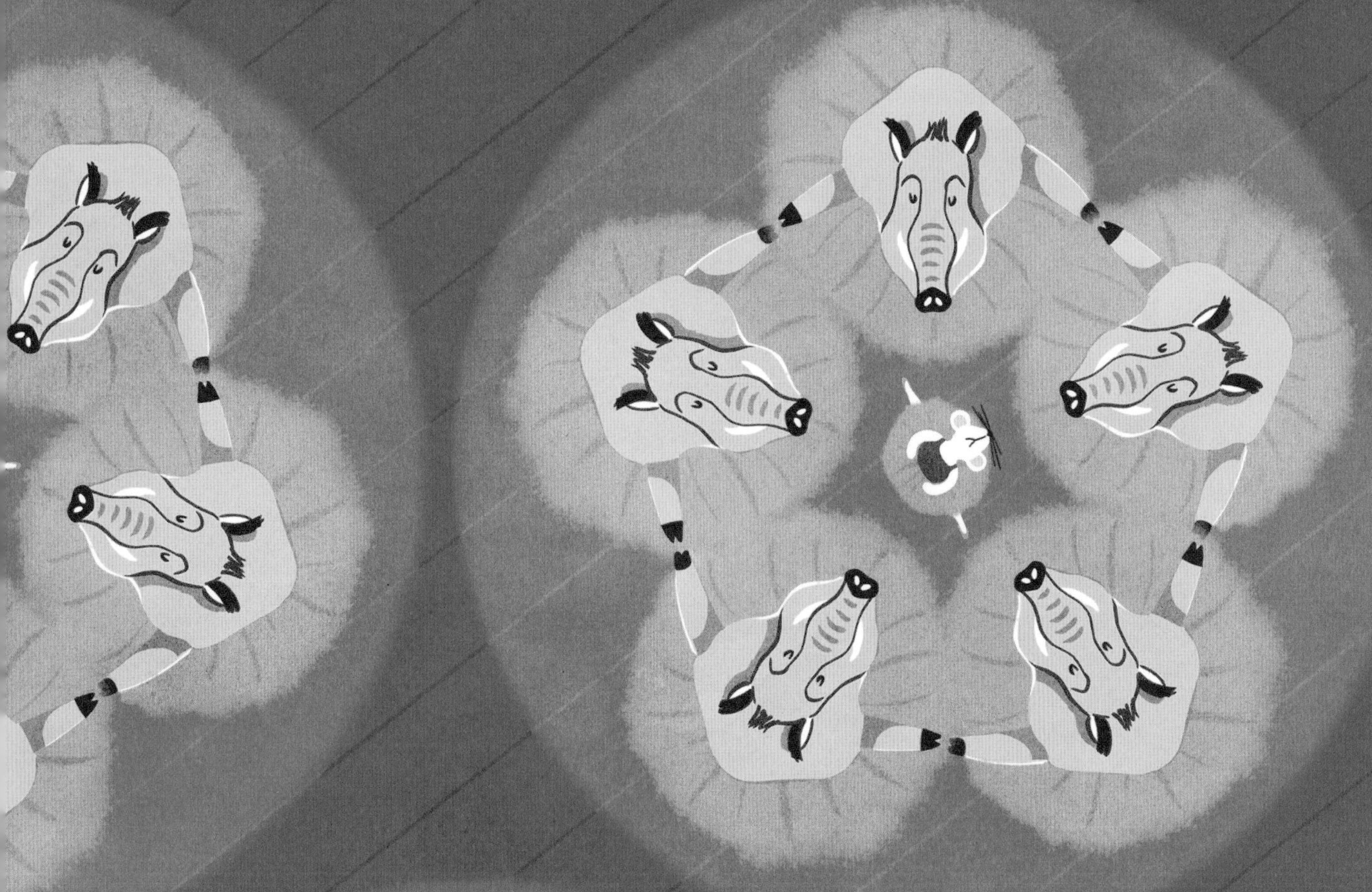

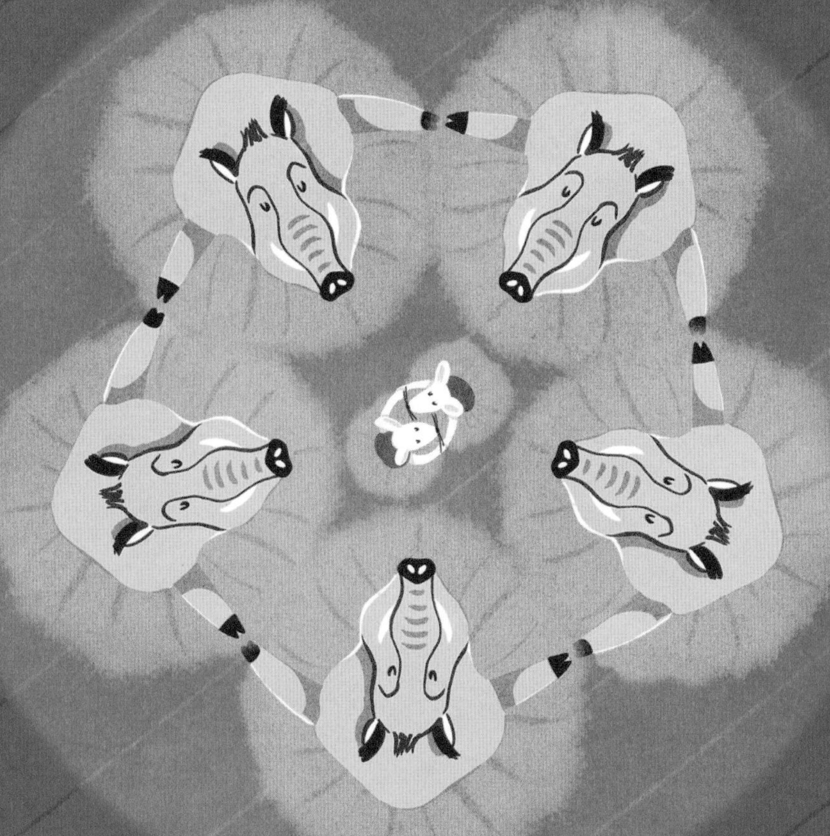

6只老鼠扮演了
花蕊的角色。

在最后一个
节目里，**100**块亮片飞旋在
舞台的上空。

所有演员一起
快活地跳起了舞。5名演员的鞋带
不小心散开了。

精彩的演出让观众看得入了迷，1000只眼睛睁得大大的、圆圆的。

哦，不。有4只眼睛就快闭上了。

灯光再次亮起：
演员们一起来到舞台上，向观众鞠了 3 次躬。

观众热烈地鼓起掌来。
真是一个美妙的夜晚！

2块巨大的红色幕布慢慢拉上，
演出就这样结束了。

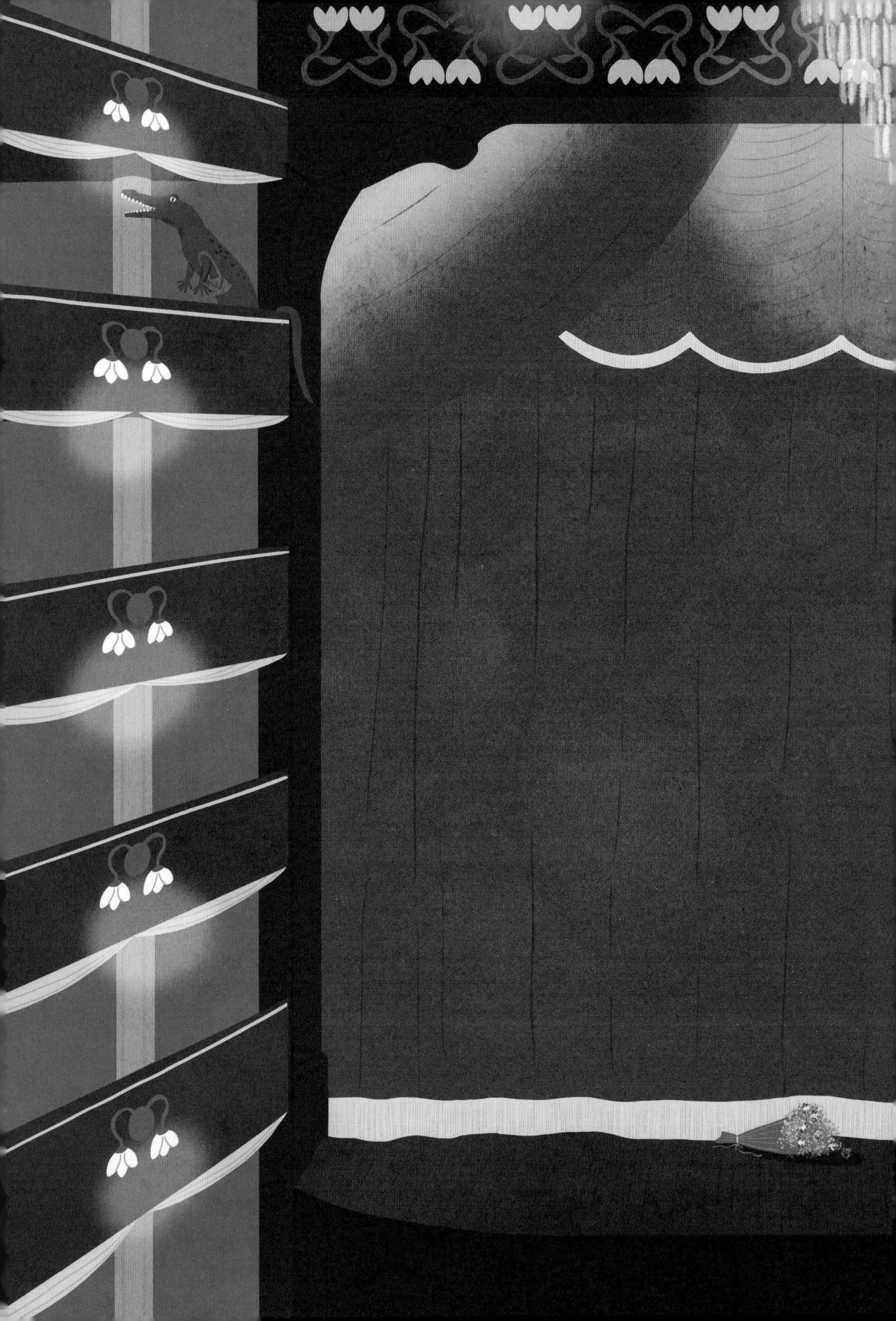

是谁
把 1 束花留在了
舞台上呢？